M. DUCOURNEAU

DE

L'ALLAITEMENT

CHEZ

LE CHIEN ET LE CHAT

PARIS
ASSELIN ET HOUZEAU
Libraires de la Société centrale de Médecine vétérinaire
PLACE DE L'ÉCOLE-DE-MÉDECINE

1900

DE

L'ALLAITEMENT

CHEZ

LE CHIEN ET LE CHAT

10150-00. — CORBEIL. IMPRIMERIE ÉD. CRÉTÉ.

M. DUCOURNEAU

DE

L'ALLAITEMENT

CHEZ

LE CHIEN ET LE CHAT

PARIS
ASSELIN ET HOUZEAU
Libraires de la Société centrale de Médecine vétérinaire
PLACE DE L'ÉCOLE-DE-MÉDECINE

1900

ALLAITEMENT

CHEZ LE CHIEN ET LE CHAT

INTRODUCTION

Tous les auteurs qui ont écrit sur les maladies et les races de chiens, de même que ceux très nombreux, qui se sont occupés de la captivante question des chasses, ont consacré un article spécial à l'allaitement des jeunes chiens. Malheureusement, cette question, jugée très importante par tous les écrivains cynégétiques, n'a encore été traitée que succinctement, et on ne trouve pas dans leurs ouvrage tous les détails nécessaires aux éleveurs de chiens de chasse, de garde ou d'appartement.

C'est pourquoi, voulant mettre à profit les excellents conseils que j'ai reçus de mon regretté beau-père, M. Bourrel, et le fruit de ma pratique déjà longue dans la médecine des petits animaux, j'ai cru utile, pour certains lecteurs spéciaux, de traiter, dans un travail aussi court et cependant aussi complet que possible, de l'allaitement des jeunes chiens. J'ai été amené à parler de celui des jeunes chats, en raison des analogies qu'il offre avec le précédent et dans le même but.

Cette étude zootechnique a son importance à divers points de vue : si l'on considère l'intérêt pécuniaire, nous constatons que depuis plusieurs années la médecine du chien tend à occuper dans la médecine vétérinaire une place de plus en plus grande, surtout dans les villes.

A Paris, le commerce des chiens se fait sur une vaste échelle, et nous voyons de très nombreux spécimens d'agrément se vendre couramment de 500 à 1000 francs, souvent aussi atteindre des prix bien plus élevés. Si l'on se reporte aux journaux officiels des expositions canines, on est frappé des sommes considérables dépensées pour l'achat de certains sujets, et cela dans toutes les races. A Paris, il y a trois ans, un petit bull dog a été acheté 3 000 francs. En Allemagne, un pointer et une chienne braque allemand trouvent acquéreurs à 3 750 et à 4 000 francs. En 1896, en Angleterre, un colley est payé 10 000 francs. La même année, un chien de même race " Rufford Osmonde " est vendu à un amateur de New-York 25 000 francs. A peu près à la même époque, le grand-duc Nicolas de Russie payait près de 30 000 francs un lévrier pour service d'étalon. Je ne parlerai que pour mémoire d'une chienne fox-terrier dont le propriétaire ne voulait pas se dessaisir à moins de 75 000 francs.

Ces prix, bien entendu, sont exceptionnels ; mais il était bon de signaler quelques exemples, pour montrer jusqu'à quels prix peuvent atteindre certains représentants des espèces canines.

Quand des sujets sont susceptibles d'acquérir une telle valeur, on comprend quel intérêt présentent les moyens à employer pour les faire arriver à bien. D'où la nécessité de suivre avec une ponctualité absolue les règles de l'élevage.

Cette nécessité s'impose encore pour d'autres considérations non sans importance : qu'il s'agisse soit de l'attachement de certains maîtres pour les petits d'une chienne choyée et adulée, soit du désir de conserver tous les produits d'un couple dont la race tend à péricliter ou même à disparaître.

Pour le chat, c'est surtout la question d'attachement qui domine ; car, malgré que nous voyions certains chats angoras ou siamois se vendre jusqu'à 2 ou 300 francs, le prix courant des sujets de cette espèce n'est guère que de 25 à 100 francs.

CONSIDÉRATIONS GÉNÉRALES

A la sortie du sein de la mère, les petits doivent puiser chez elle un aliment complet, *le lait*, qui servira à les nourrir jusqu'à l'époque de la vie où ils pourront pourvoir d'eux-mêmes à leur alimentation. C'est cette première période de l'existence des jeunes animaux que l'on désigne sous le nom d'*allaitement*.

La chienne et la chatte nourrissent leurs petits par les mamelles. Placées parallèlement sur deux rangées, à la partie inférieure du thorax et de l'abdomen, ces mamelles sont en général en nombre pair; mais il n'est pas rare de les trouver en nombre impair, c'est ainsi qu'au lieu de dix chez la chienne, il arrive que nous en trouvons cinq d'un côté et quatre de l'autre. Chez la chatte, nous n'en voyons généralement que huit placées quatre de chaque côté. Quel que soit le nombre des mamelles, elles concourent toujours au même but, c'est-à-dire à la production du *lait*, l'aliment complet par excellence, qui est indispensable aux jeunes élèves à leur entrée dans la vie.

Lait. — Les caractères physiques du lait sont suffisamment connus pour que nous n'ayons pas à nous y arrêter.

Sa densité chez la chienne varie de 1,039 à 1,042 ; elle est à peu près la même chez la chatte. Contrairement au lait des animaux des espèces bovine, équine et ovine, celui de la chienne est à base acide. Sa composition se trouve indiquée dans le tableau comparatif suivant, dressé par *Vernois* et *Becquerel*.

	CHIENNE.	BREBIS.	CHÈVRE.	VACHE.	JUMENT.	ANESSE.
Densité	1.041,62	1.040,98	1.033,53	1.033,38	1.033,74	1.033,57
Poids de l'eau.	772,08	832,32	844,90	864,06	904,30	890,12
— des parties solides	227,92	167,68	155,10	135,94	95,70	189,88
Beurre	87,95	51,31	56,87	36,12	24,36	18,53
Caséum et matières extract.	116,88	69,78	55,14	55,15	33,35	35,65
Sucre	15,29	39,43	36,91	38,03	32,76	50,46
Sels (par incinération)	7,80	7,16	6,18	6,64	5,23	5,24

Par l'examen de ce tableau, nous voyons que le lait de la chienne est le plus riche en parties fixes ; après viennent le lait de la brebis, de la chèvre, de la vache, de l'ânesse et de la jument. De ces comparaisons il découle forcément que le lait de la mère ou d'une autre chienne devra être donné de préférence à tout autre, et, partant de là, nous conclurons qu'il est absolument irrationnel, comme le recommandent certains auteurs et comme on le fait vulgairement, de couper avec de l'eau ou une tisane quelconque le lait de vache, de brebis ou de chèvre que l'on donne aux chiots quand par elle-même la mère ne peut arriver à les alimenter d'une façon complète.

Dans les circonstances normales, la mère devrait pouvoir allaiter tous ses petits, mais il arrive très souvent qu'elle en est empêchée par suite de leur nombre trop grand. Dans ce cas, il serait dangereux pour sa santé de lui laisser le soin de nourrir la totalité de sa progéniture.

Tout d'abord la lice (1) serait fatiguée et épuisée par les chiots et, d'un autre côté, ces derniers ne trouveraient dans le lait maternel qu'une alimentation insuffisante à leur entretien et à leur développement.

Telle est notre opinion, mais elle a ses contradicteurs : certains auteurs, parmi lesquels Mégnin, estiment que les chiennes, avec une bonne nourriture et une excellente hygiène, peuvent parfaitement élever tous leurs petits, et ils citent des exemples de lices ayant mené à bien des portées de huit à dix élèves. C'est ainsi que M. Lacroix-Danliard écrit au sujet de l'élevage des chiens. « J'ai lu un peu partout, et peut-être a-t-on raison dans la plupart des cas : Ne laissez pas à une chienne plus de quatre ou cinq chiots à nourrir, sans quoi vous épuiserez la nourrice et compromettrez l'existence des nourrissons.

« Cette année ma chienne bassette a mis bas, le 1er février, huit chiots dont un mort-né, soit sept à élever. Les sept chiots ont été nourris par la mère, savoir : les sept jusqu'au 23 mars, soit cinquante jours ; deux ont été donnés le 23 mars. Les cinq autres jusqu'au 2 avril, soit soixante jours, deux autres ayant été donnés à cette date du 2 avril. La lice a continué à nourrir quelques jours encore les trois chiots qui lui avaient été laissés et que j'ai encore ; elle a fait le sevrage elle-même.

« Cet élevage a été fait en chambre, la rigueur de l'hiver tardif ne permettant pas de sortir les chiots, même dans le jardin attenant à l'habitation. Ces chiots

(1) S'entend spécialement pour désigner la chienne de chasse.

n'ont eu que de rares indispositions occasionnées par les vers qu'on leur a fait passer en leur administrant du semen-contra dans des boulettes de beurre. Ils ont été alimentés par le lait de vache bouilli, à discrétion, par de la viande crue émincée, une petite ration le matin dès le quarantième jour. Ils sont aujourd'hui tous frais, robustes, bien portants, aussi bien ceux qui ont été donnés que ceux qui restent à la maison. Mais ce qui m'a paru le plus singulier, c'est que la chienne, loin de maigrir pendant qu'elle élevait ses sept chiens, a continué d'engraisser. Il est vrai qu'elle était nourrie à la viande crue de cheval (une livre par jour), au lait (un litre et demi par jour), sans compter les reliefs de la table.

« Elle est actuellement ronde comme une boule. Je ne sais si cette observation a quelque valeur, mais je suis persuadé que pour les gens qui aiment les chiens et qui consentent à les soigner comme des enfants, il y a peu de mécomptes à redouter en matière d'élevage. »

Ce cas me paraît plus que tout autre absolument exceptionnel ; car, ainsi que nous le verrons quand nous nous occuperons de l'hygiène, l'exercice et la vie au grand air sont absolument nécessaires à la chienne nourrice. Or, dans la communication ci-dessus, les chiens ont été élevés en quelque sorte en chambre.

Une autre chienne pointer, citée par Mégnin, a mené à bien l'élevage de huit jeunes pointers sans fatigue aucune pour la mère.

Nous ne discutons pas ces faits, car, à notre avis, ce sont des cas heureux que nous avons aussi rencontrés, mais s'ils doivent être cités pour mémoire, ils sont loin de devoir être pris pour la généralité.

Il est des femelles qui ne donnent le jour, il est vrai, qu'à un ou deux petits, tels les terriers anglais, les griffons, belges ou écossais, les papillons ; par contre, chez les chiennes de chasse et de grande taille comme les dogues d'Ulm, les danois, les pyrénéens et les Saint-Bernard, la progéniture est souvent fort nombreuse.

Personnellement, nous avons vu une danoise accoucher de 19 petits.

Vers la fin de 1896, les journaux ont signalé le cas d'une chienne qui, dans les environs de Toulouse, avait donné le jour à 24 chiots. Des observations de ce genre sont absolument exceptionnelles, il était toutefois intéressant de les signaler.

Il est bien évident que dans de pareilles portées la mère est impuissante, malgré l'excellence de son régime et la richesse de sa constitution, à alimenter convenablement une aussi nombreuse famille.

Ces faits que nous venons de relater sortent de l'ordinaire, le nombre des rejetons étant généralement de 1 à 8 ou 10.

Couramment une chienne peut, selon sa race, élever de 2 à 6 et 8 petits.

Comme je le disais plus haut, nous ne voyons dans les toutes petites races, les races minuscules, que un ou deux produits, rarement davantage. Dans ces conditions, on peut, avec de grands soins, une bonne nourriture et une excellente hygiène, les laisser à la mère. Si, par exception, il y en avait trois, il serait prudent que le troisième fût élevé d'une autre façon.

Pour les races moyennes : fox-terriers, loulous, caniches, qui ont ordinairement de 3 à 7 petits, il est sage de n'en laisser nourrir que 3 ou 4 par la mère, 4 ou 5 s'il s'agit de chiennes de chasse. Quant aux géants de l'espèce, tels que danois, montagnards ou autres, nous ne conseillons pas de laisser plus de 6 à 8 chiots au grand maximum. Il est de toute évidence que ces chiffres ne sont qu'approximatifs et que l'on devra tenir compte de la santé de la mère, de son tempérament et de sa richesse en lait.

Chez la chatte, le nombre des petits varie de 2 à 6 ou 7, et rarement on conserve toute la nichée à la mère, à moins qu'ils n'appartiennent à des races de choix. Alors on aide à l'allaitement par une nourrice.

Dans les campagnes, où les chattes vivent en liberté et ne viennent au logis que pour chercher leur nourriture, on ne s'occupe pas de la petite famille et on laisse à la mère le soin exclusif de son élevage.

Dès qu'une femelle a mis bas, on choisit les petits que l'on veut garder et l'on fait ensuite disparaître les autres. Mais il arrive aussi qu'on tient à conserver toute la portée, soit par attachement, soit encore, comme nous l'avons déjà vu, en raison de la valeur des petits, puisqu'il en est qui, au moment du sevrage, sont couramment vendus 150 à 200 francs et même davantage. Dans cet état de choses, que doit-on faire? On donne, ainsi que nous l'avons dit, un certain nombre d'élèves à la chienne, les autres sont ou confiés à une nourrice, ou alimentés au lait de vache, de chèvre ou de brebis, que l'on administre au biberon ou à la cuillère.

Ces indifférents modes d'alimentation des nouveau-nés nous amènent à distinguer : *l'allaitement naturel* et *l'allaitement artificiel*.

ALLAITEMENT NATUREL

L'allaitement est appelé *naturel*, quand les petits prennent le lait à la mamelle. Malheureusement, il est des circonstances où la mère ne peut pas élever elle-même sa petite famille ; on a alors recours à une nourrice. Ceci nous conduit à étudier *l'allaitement maternel* et *l'allaitement par adoption*.

Allaitement maternel. — L'allaitement maternel est de beaucoup le plus fréquent, car il est dans l'ordre naturel que les nouveau-nés soient nourris avec le lait de leur mère.

Le lait commence à apparaître quatre ou cinq jours avant la mise bas, et dès la naissance, quand la mère a fait la toilette de ses petits, on peut les laisser téter.

La chienne s'approche de sa progéniture, mettant ses mamelles à proximité de la bouche de ses petits; ceux-ci, guidés par leur instinct (car ils ne voient pas encore), saisissent les trayons et commencent à téter. « L'élève qui veut téter, dit Colin, saisit le mamelon par les lèvres et l'extrémité des mâchoires, en ayant soin de le faire pénétrer assez avant dans sa bouche, pour qu'il puisse presser la partie de la mamelle située immédiatement au-dessus du mamelon ; alors, il aspire, en faisant le vide dans la cavité buccale à l'aide de sa langue, dont la pointe reste appliquée sur les incisives inférieures, mais dont la base s'écarte et se rapproche alternativement du palais, sous l'influence de ses muscles propres et de ceux de l'appareil hyoïdien.

« Le vide qu'il produit par les mouvements de succion et la pression qu'il exerce sur la partie supérieure du mamelon font couler le lait. »

Chaque petit couché sur le ventre, quelquefois sur le dos, prend le bout de la mamelle, la mère étant sur le côté, et absorbe ainsi, dans cette position, la quantité de lait qui lui est nécessaire.

Lorsqu'il aura acquis plus de forces, il se tiendra debout ou s'accroupira en saisissant les mamelles à l'aide de ses membres antérieurs.

Arrivés à une période plus avancée, vers le premier mois, les petits, qui jusqu'alors ne faisaient que ramper, commencent à marcher, quittent leur habitation, rôdent autour de leur lit sans bien entendu s'éloigner, et reviennent pour téter et se réchauffer. Cette liberté d'allures devient de plus en plus grande à mesure qu'ils croissent et jusqu'au moment où ils se séparent définitivement de leur mère, qui, elle aussi, les repousse. en raison des morsures douloureuses faites aux mamelles par leurs dents.

On observe assez souvent que les nouveau-nés sont trop faibles ou trop maladroits pour prendre le mamelon : que doit-on faire? On les place près de la mamelle et on leur fait couler quelques gouttes de lait dans la bouche, on recommence ainsi plusieurs fois, et après quelques séances ils sont initiés et n'ont plus besoin d'aide. Il se rencontre aussi des bêtes nerveuses, chatouilleuses à l'excès, qui se défendent dès l'approche de leurs rejetons. Par des caresses on a vite raison de leur résistance. Si ce refus d'accepter les élèves a pour cause un léger endolorissement des mamelles, il faut insister, persévérer dans les tentatives faites auprès de la mère. Avec un peu de patience, on amène celle-ci à céder. Le premier moment passé, elle deviendra très assidue et ne s'éloignera plus de ses petits que lorsqu'on l'obligera à sortir. Nous devons néanmoins ajouter que l'on se trouve quelquefois en présence de très mauvaises mères qui délaissent totalement leur portée, mais ce sont là heureusement des faits exceptionnels.

Allaitement par adoption. — Comme nous venons de le voir, les petits doivent en principe être nourris par la mère ; néanmoins, si pour une raison quelconque, il était impossible à celle-ci de les élever, le mieux serait de leur donner le lait d'une autre chienne ou chatte qui ferait l'office de nourrice, c'est ce mode d'alimentation qui constitue l'*allaitement par adoption*, différent de l'allaitement maternel en ce que c'est une femelle autre que la mère qui fournit le lait.

La mère adoptive prend le nom de *nourrice*.

Les chiennes et les chattes adoptent très bien les nourrissons et les élèvent aussi soigneusement que leurs propres petits ; il est rare de les voir refuser les élèves qu'on veut leur confier. L'*allaitement par adoption* se pratique quand une chienne ou une chatte a donné une portée trop nombreuse et qu'en raison de la beauté et de la valeur des petits on tient à les conserver tous.

D'autres fois, il survient que la mère n'a pas de lait ou qu'elle en a insuffisamment, ou bien encore qu'elle succombe aux suites d'un part laborieux ou d'une affection quelconque, au cours de l'allaitement.

Choix d'une nourrice. — Autant que possible, il faudra choisir une chienne de la même taille que la mère et ayant mis bas depuis peu de temps, quinze jours à trois semaines, un mois au grand maximum ; il faudra la choisir d'une nature douce ; les femelles à poil ras seront prises de préférence : les chiennes terriers ou bull-terriers sont d'excellentes nourrices, très bonnes pour les petits, et donnant beaucoup de lait. Si la nourrice est à poil long, nous conseillons, quand la température le permet, de la faire tondre pour faciliter le pansage toujours difficile pendant l'allaitement, et maintenir ainsi la propreté de la peau ; de plus, on s'assurera qu'aucune maladie contagieuse n'existe et on devra surtout se méfier des affections cutanées.

En résumé, la nourrice doit présenter tous les signes d'une parfaite santé.

Il est relativement facile dans les grandes villes de se procurer une nourrice, mais il n'en est pas de même dans les petites localités ou dans les campagnes, où la population canine est moins considérable et est surtout l'objet de soins moins assidus. On peut alors, dans ces conditions, avoir recours à l'allaitement artificiel, ou bien donner un petit à élever à une chatte qui remplit sa mission avec beaucoup d'assiduité, et inversement, donner des jeunes chatons à élever à une chienne. Les cas sont fréquents où l'on a vu des femelles élever des petits, appartenant à d'autres espèces que la leur. Notre confrère, M. Leniez, cite le cas de sa chienne havanaise non couverte et ayant du lait. Il lui confie un jeune chat chétif, malingre, n'ayant plus qu'un souffle de vie. La chienne l'adopte immédiatement, le demande et le comble d'attentions touchantes. Elle lui abandonne ses mamelles gonflées, auxquelles le nourrisson se cramponne et on le voit, plusieurs fois, pendu au mamelon, traîné par la nourrice, sans que celle-ci parvienne à s'en débarrasser.

Pour les chiennes et les chattes, cela est commun, et tous les ouvrages s'occupant de la question en citent de nombreux exemples. Mais ce qui est plus exceptionnel, c'est de voir des loutres élevées par une chienne et une chatte allaitant des rats, de même une chienne nourrissant un jeune sanglier. Dernièrement, M. Lucet, de Courtenay, nous signalait une chienne, ayant élevé un agneau dont la mère était morte des suites de l'accouchement. Ces faits ont été publiés, c'est pourquoi nous avons cru devoir les relater.

Malgré la fréquence de l'allaitement des chats par des chiennes et, inversement, nous ne pouvons donner cela comme une règle pratique.

Il n'en est pas de même pour certaines chiennes, et elles sont nombreuses, qui n'ayant pas été fécondées après « leur chasse ou folie » présentent tous les signes d'une chienne qui va mettre bas.

En 1857, Delafond faisait une communication à ce sujet et citait quelques cas de lactation chez des chiennes n'ayant pas été fécondées. Il nous a été bien souvent permis de constater des faits semblables, et presque journellement nous sommes consulté à ce sujet par nos clients, qui sont étonnés de cette manifestation extraordinaire, à leur avis.

En effet, cinquante-huit ou soixante jours après l'apparition des chaleurs, c'est-à-dire après une période de temps à peu près égale à celle de la gestation complète, on voit apparaître tout le cortège des symptômes qui précèdent et accompagnent la mise bas, excepté naturellement l'expulsion du fœtus. Les mamelles se gonflent, deviennent turgescentes et secrètent du lait dont la composition est identique à celle du lait des chiennes venant d'accoucher ; on voit en outre la bête, inquiète, comme si elle était à terme, chercher l'endroit où elle pourra déposer ses petits, rassembler la paille, préparer son nid, et, dit Delafond, si on imite les cris des jeunes chiens, elle vous suit, se couche à vos pieds et présente ses mamelles. De plus, ajoute le même auteur, un petit ayant été donné à élever à une chienne dans cet état, augmentait de 60 grammes par jour, tandis que ceux nourris par la mère n'augmentaient que de 40 à 50 grammes.

Depuis Delafond, de nouvelles expériences ont eu lieu, et les nôtres n'ont fait que confirmer celles de nos prédécesseurs.

Néanmoins, nous ferons une réserve quant à l'augmentation du poids journalier : il est et doit être le même, que le petit soit élevé par la mère ou par une nourrice, il n'y a aucune différence et il ne doit pas y en avoir. La seule raison qui puisse faire que le poids des petits élevés par leur mère soit moindre, c'est que celle-ci en élève plusieurs, tandis que la chienne citée par Delafond n'en élevait qu'un seul.

D'après ce que nous venons de dire, si l'on vient à confier des petits à une chienne présentant les phénomènes que nous avons signalés, il est certain qu'elle les adoptera avec la plus grande sollicitude.

Une remarque que nous tenons à faire : c'est que la chienne vierge peut offrir les mêmes symptômes que la chienne ayant déjà mis bas et remplir aussi bien qu'elle les fonctions de nourrice.

Fraudes. — La bonne foi des marchands de chiens laissant fréquemment à désirer, il faut toujours se méfier des nourrices qu'ils vous fournissent. Il n'est pas de fraudes que quelques-uns n'emploient pour vous tromper sur la richesse en lait de la bête qui doit alimenter les jeunes chiens. On vous présentera une chienne qui viendra d'allaiter une portée, seulement elle aura été bien nourrie, sevrée de petits pendant un jour ou deux : à ce moment les mamelles seront gonflées et remplies de lait. Vous vous empresserez de l'accepter, croyant avoir mis la main sur une nourrice exceptionnelle, et immédiatement, en toute confiance, vous lui donnerez les jeunes élèves. Pendant deux ou trois jours, vous ne vous apercevrez de rien : mais peu à peu, vous verrez le poids des chiots rester stationnaire, puis ils maigriront et périciteront. Si vous en cherchez la cause, vous vous rendrez compte aisément que votre chienne a les mamelles flasques, molles, et que la quantité de lait est insuffisante pour nourrir la portée ; aussi doit-on se hâter de trouver une autre nourrice ou bien alimenter les jeunes chiots par un autre moyen, pour ne pas s'exposer à les voir mourir l'un après l'autre.

C'est pourquoi nous conseillons, quand on ne peut avoir des renseignements de confiance sur la chienne fournie, de la surveiller pour voir si elle a assez de lait, et de s'assurer, par des pesées journalières, de l'augmentation de poids des petits.

Moyens pour faire adopter les petits. — La nourrice étant choisie, comment lui fera-t-on adopter les petits ?

Différents et nombreux sont les moyens employés, c'est ainsi que certains éleveurs ôtent un petit à la mère adoptive et le remplacent par un autre, puis un second le lendemain, un troisième le jour suivant et continuant ainsi jusqu'à ce que la substitution soit complète; on recommande aussi de procéder à ces changements dans l'obscurité.

Le nombre des élèves est-il inférieur au nombre des petits de la nourrice? On supprime ceux de ces derniers qui sont en trop, après que les étrangers ont été adoptés.

Ce mode d'opérer est surtout employé quand la lice et la nourrice sont dans le même endroit au moment de l'accouchement. Mais comme ce cas est assez rare, c'est généralement le procédé suivant qui est adopté. La future nourrice étant séparée de ses petits, est nourrie abondamment, de façon à provoquer une forte poussée de lait, on la laisse ainsi sans la traire, les nourrissons qu'on doit lui confier seront privés de lait pendant quelques heures. Alors, qu'arrivera-t-il?

D'un côté, la chienne fatiguée par son lait, de l'autre, les petits affamés par la privation de leur aliment essentiel, nous nous trouvons en présence d'excellentes conditions pour que l'adoption se fasse très bien. Par mesure de précaution, on laisse pendant quelque temps à l'abri de la lumière la nourrice et ses nourrissons pour qu'elle ne s'aperçoive pas trop tôt du changement que l'on aura fait. Il sera cependant prudent, au début, de la surveiller, de crainte qu'elle ne brutalise la nichée ou qu'elle ne l'abandonne.

Une fois les jeunes adoptés, tout se passe comme dans l'allaitement maternel. Si l'on éprouve de la difficulté pour faire accepter les petits, les éleveurs conseillent de traire la nourrice et de frotter les chiots avec le lait ainsi recueilli. Ces derniers prennent l'odeur de la mère adoptive qui les nourrit et les élève alors sans difficulté. Il faudra évidemment exercer une surveillance sur les premières tétées et ne s'en départir que quand la chienne reviendra d'elle-même vers les nourrissons.

Un correspondant du *Chenil*, M. Dubois, indique le moyen suivant pour faire adopter par une chienne un chiot étranger. Il s'agit simplement de cacher ce petit animal de façon que la chienne, entendant ses cris de détresse, témoigne de l'inquiétude, cherche et découvre le chiot qu'elle transporte dans sa niche. Cet enfant adoptif devient, paraît-il, le préféré de la famille.

Il est superflu de dire que les chiots propres de la nourrice devront être éloignés, car elle retournerait vers eux, abandonnant les autres.

Ce mode d'agir, disent les éleveurs, réussit toujours et nous avons pu par nous-même vérifier l'exactitude de cette assertion. Il est donc inutile, en présence de procédés si simples, d'employer ceux beaucoup plus barbares que recommandaient les anciens auteurs cynégétiques : « *Si l'on voit, dit Charles IX* (1), *que la quantité des Chiens soit si grande, que la force de la mère ne soit suffisante pour les nourrir, est besoing, l'aider et secourir d'autres Chiennes qui ayent petits de mesme âge que la Lice, mesmes si on peut recouvrer des Levrieres, pour deux occasions elles y sont meilleures que les autres : L'une à cause de leur grandeur et force elles ont plus de moyen de nourrir et plus à leur aise les petits que l'on leur baille : L'autre les Chiens qui en sont nourris retiennent la vitesse du Levrier. Or cecy n'est point nécessaire de faire, si les petits n'excèdent le*

(1) *La Chasse royale*, p. 51.

nombre de trois : car il faudrait que la Lice fust bien mauuaise nourrice si elle ne les pouuoit nourrir. Pour faire que les dictes Levretes ou autres Chiennes à qui l'on veut faire nourrir d'autres petits ne facent difficulté de les receuoir au lieu des leurs, il faut prendre un des leurs, le tuer, puis du sang en frotter ceux que l'on leur baille, les voyans couuerts de sang ne faillent aussi tost de les lecher, car c'est le naturel des Chiens de lecher les petits incontinent qu'ils sont nez pour les nettoyer de la peau qu'ils ont sur eux, et en les lechant, sentent et reconnoissent leur sang, et par ainsi les prennent pour les leurs. »

ALLAITEMENT ARTIFICIEL

Comme nous venons de le voir, dans les grandes villes où le commerce des chiens a une certaine extension, il est relativement facile de se procurer des chiennes nourrices, surtout si l'on a la précaution d'en chercher à l'avance pour en avoir une au moment de la mise bas. Mais ce qui est facile dans les conditions que je viens de signaler, ne l'est guère dans les petites localités et les campagnes où l'on ne trouve pas toujours des nourrices à sa disposition ; on a alors recours à *l'allaitement artificiel* qui consiste à donner aux petits un lait étranger (brebis, vache ou chèvre) que l'on a soumis à une ébullition préalable. Je conseille de faire bouillir le lait, car le chien pouvant contracter la tuberculose, le lait serait un excellent véhicule de contagion, d'après certains auteurs. Si l'on achète le lait, il faudra le prendre aussi pur que possible et éviter les additions d'eau faites si couramment dans le commerce.

L'allaitement artificiel se fait généralement à la *cuillère* ou au *biberon*.

Allaitement à la cuillère. — Ce mode d'alimentation tire son nom de l'instrument qui sert à l'allaitement. Quand on élève les petits par ce procédé, on donne le lait avec une cuillère à café, toutes les deux heures environ et par petites quantités. Il faut l'administrer peu à peu pour éviter des suffocations parfois dangereuses et ne pas s'exposer, par une manœuvre trop précipitée, à introduire le lait dans la trachée.

L'allaitement à la cuillère est très minutieux, difficile et donne beaucoup de mal aux personnes chargées de cette besogne : dangereux, comme je l'ai dit plus haut, il a en outre l'inconvénient, s'il est pratiqué par une main inhabile, de blesser les gencives du petit ; dans ce cas, au bout de deux ou trois jours, le nourrison se défend quand on veut l'alimenter et refuse toute nourriture.

Au lieu d'une cuillère à café ordinaire, on peut se procurer une cuillère spéciale, dont les bords sont relevés à l'extrémité et forment presque entonnoir. C'est la cuillère dont le modèle est en marge et qui sert à l'alimentation par le nez (*gavage*) des enfants nés avant terme, et que l'on place dans des couveuses.

L'allaitement à la cuillère ne s'emploie que très rarement, et ce n'est que quand on n'a qu'un seul petit à élever qu'il est adopté ; aussi je lui préfère de beaucoup le procédé suivant qui est bien plus commode, et disons-le, celui qui est le plus communément employé.

Allaitement au biberon. — Quand on est privé de la mère ou d'une nourrice, l'allaitement au biberon est le plus pratique.

On se sert d'un biberon ordinaire ou d'une petite fiole que l'on munit d'une tétine en caoutchouc. Nous employons et conseillons de préférence les biberons limandes, bien plus commodes et plus hygiéniques que les biberons à long tube en caoutchouc dont le nettoiement est difficile et où se produisent des fermentations qui peuvent déterminer des diarrhées toujours graves chez les jeunes. On donne le biberon cinq à six fois par jour, environ toutes les deux heures ; une fois la nuit, si cela se peut, et c'est seulement quand les élèves commencent à bouder qu'on le leur retire. De prime abord, on est loin de se douter de la quantité de lait absorbée tous les jours par les petits : elle est relativement considérable ; c'est ainsi que le caniche qui figure au tableau n° IV page 28 a bu, dès le premier jour, 80 grammes de lait et, successivement 120, 150, 180 pour arriver finalement à plus d'un demi-litre par vingt-quatre heures.

Lorsque certains chiots, trop faibles ou appartenant à de très petites races, ne peuvent au début s'alimenter au biberon, on se sert d'un petit appareil que l'on improvise soi-même de la manière suivante. On prend un tube de verre de 10 à 12 centimètres de longueur et de la grosseur d'une plume d'oie ; on adapte à une de ses extrémités une petite tétine de biberon de poupée dont l'ouverture sera légèrement agrandie, on remplit le petit appareil de lait, et ensuite appliquant l'index sur l'extrémité libre du tube, on règle l'écoulement du lait en pressant ou soulevant le doigt. Ce moyen a l'avantage d'être à la portée de tout le monde et ne fatigue pas l'élève ; en outre, le petit instrument est des plus simples à nettoyer. Il n'est employé que pendant cinq ou six jours, car, après ce laps de temps, les chiots sont assez forts pour s'alimenter au biberon. Toutes les fois que l'on a allaité les petits par ce procédé, il faut avoir la précaution de démonter l'appareil, de le laver à l'eau bouillante et de l'essuyer ensuite de façon à le tenir dans un état de propreté absolue.

Dans le même cas de faiblesse des petits, on peut aussi employer le compte-gouttes, à la condition d'armer l'extrémité en verre avec de la filasse ou du coton : nous conseillons cette pratique pour éviter les accidents que pourraient déterminer les éclats de verre, si l'extrémité venait à se briser.

Tels sont les divers modes d'allaitement que nous avions à examiner. Il en est un autre que je désignerai sous le nom d'**allaitement mixte** qui rend aussi de très grands services. Quand une chienne n'a pas suffisamment de lait pour satisfaire sa progéniture et que l'on ne peut avoir de nourrice, on combine l'allaitement maternel avec l'allaitement artificiel. On laisse téter les petits un certain temps et, après cela, on leur donne le biberon pendant l'intervalle des tétées ; par cette manœuvre, on arrive à laisser toute la nichée à la mère, sans toutefois la fatiguer par des tétées trop fréquentes et trop abondantes. On donne le biberon le jour, et la nuit, on met les petits sous la mère.

Ces différents modes d'allaitement étant bien définis et étudiés, quel est celui que nous devons préférer et choisir?

Nul doute que l'allaitement maternel ne doive être classé en première ligne, la mère étant par son état de gestation préparée à élever ses petits. Il est une autre considération qui mérite d'être soulignée: c'est l'amour maternel, et il est incontestable, que dans la circonstance la meilleure nourrice ne pourra jamais nourrir et élever avec la même diligence et la même sollicitude que la mère, les petits qui lui auront été confiés. Il est de toute évidence que, pour que l'allaitement maternel soit digne d'occuper le premier rang, il faut que la chienne soit en excellente santé, ait beaucoup de lait et ne soit atteinte d'aucune maladie de peau, de nature contagieuse susceptible d'altérer la santé générale de la portée.

Si une cause quelconque empêche l'allaitement maternel, c'est l'allaitement par adoption qui doit être conseillé. C'est celui qui se rapproche le plus du précédent et, en outre, la nourrice, par la fonction qu'elle s'est habituée à remplir, donne avec attachement les soins que réclament les petits.

Lorsque, par suite de circonstances imprévues, les deux modes d'allaitement précédents n'auront pu être employés, c'est l'allaitement mixte qui serait indiqué. Si l'on avait recours à l'allaitement artificiel, le biberon devrait être préféré à la cuillère.

Quant au résultat final, il est à peu de chose près le même, comme nous allons le voir par les tableaux des pesées effectuées pendant cette première période de l'existence.

Accroissement. — Les petits chiens naissent toujours les yeux fermés, et ce n'est que vers le douzième jour que cet état se modifie : les paupières se décollent progressivement et les yeux sont complètement ouverts du treizième au quatorzième jour. Des variations peuvent se produire, puisque nous avons vu des chiots n'ouvrir les yeux que du quinzième au dix-septième jour, mais elles sont très rares, et il est permis de poser cette règle générale, que les jeunes chiens ouvrent les yeux du treizième au quatorzième jour.

Les chats sont plus précoces et, chez eux, nous voyons les paupières complètement décollées du septième au neuvième jour.

Pendant la période d'allaitement, les petits croissent avec une rapidité vraiment étonnante et ils doublent de poids dans une période de temps très courte. Si nous nous reportons aux expériences de Colin d'Alfort, nous voyons que, d'après cet auteur, de jeunes chiens peuvent doubler leur poids initial en six jours.

Nous nous sommes livré à un travail très minutieux sur l'accroissement des jeunes chiens, et les résultats que nous avons obtenus diffèrent sensiblement de ceux que Colin a publiés. Ce n'est que vers le septième ou le huitième jour que nous avons vu les petits doubler de poids bien que, pour hâter le développement, nous eussions placé la mère et sa petite famille dans les meilleures conditions d'hygiène.

De cette différence de résultats, je ne voudrais pas qu'il pût surgir dans l'esprit des lecteurs que je mets en doute les expériences du regretté professeur d'Alfort. Loin de moi cette pensée, car nous savons tous combien il agissait avec méthode et conscience. S'est-il placé dans des conditions autres que nous ? Je l'ignore. En tout cas, dans les circonstances actuelles, c'est la balance qui a été juge.

Nous exposons dans les tableaux ci-après, les résultats de nos observations. Dans une première série d'expériences qui ont porté sur plus de soixante sujets (tableau I), nous n'avons laissé qu'un chiot à la

Tableau I.

JOURS.	TERRIER.	GRIFFON.	1er BULL.	JOURS.	2e BULL.		
1er	150	160	195	1er	250	31	1450
2	165	175	218	2	256	32	1483
3	180	210	237	3	265	33	1499
4	230	235	265	4	284	34	1528
5	245	265	292	5	319	35	1571
6	260	290	340	6	385	36	1601
7	280	310	370	7	445	37	1640
8	315	335	400	8	508	38	1683
9	345	370	420	9	551	39	1705
10	370	390	439	10	601	40	1751
11	390	415	A partir du 11 les pesées n'ont pu être continuées.	11	670	41	1789
12	420	435		12	715	42	1842
13	425	445		13	726	43	1839
14	440	480		14	771	44	1877
15	460	495		15	820	45	1909
16	490	530		16	860	46	1941
17	505	540		17	902	47	1964
18	525	560		18	947	48	1999
19	535	595		19	991	49	2002
20	555	603		20	1030	50	2019
21	580	620		21	1065	51	2035
22	589	645		22	1106	52	2069
23	600	670		23	1149	53	2109
24	620	695		24	12[illegible]0	54	2145
25	630	705		25	1231	55	2257
26	635	705		26	1292	56	2391
27	645	720		27	1329	57	2509
28	660	745		28	1370	58	2721
29	675	760		29	1399	59	2811
30	680	785		30	1430	60	2920

mère, et néanmoins ce n'est que du septième au huitième jour que le poids initial a été doublé. Le petit terrier qui pesait 150 grammes en naissant n'arrive à 315 grammes que le huitième jour ; le griffon de 160 grammes ne passe à 335 grammes que le huitième jour également. Il en est de même du

Tableau II.

Jours.	1er chien.	2e chien.	3e chien.	4e chien.	5e chien.
1	498	397	395	438	447
2	547	419	418	521	639
3	589	445	438	673	669
4	664	505	519	706	710
5	710	536	544	725	749
6	751	581	593	775	759
7	800	656	684	790	785
8	886	703	722	872	839
9	935	760	789	932	912
10	1044	821	831	962	965
11	1046	853	890	930	1150
12	1100	907	947	1000	1170
13	1132	984	1002	1120	1192
14	1188	1031	1053	1185	1202
15	1244	1096	1100	1201	1215
16	1263	1137	1255	1244	1230
17	1299	1199	1299	1267	1275
18	1325	1230	1351	1290	1301
19	1369	1274	1398	1313	1332
20	1398	1297	1431	1350	1369
21	1420	1332	1490	1418	1400
22	1453	1353	1504	1489	1470
23	1483	1397	1523	1580	1561
24	1515	1425	1565	1639	1671
25	1572	1463	1592	1701	1780
26	1595	1501	1637	1798	1853
27	1630	1535	1682	1880	1927
28	1681	1579	1729	1901	2002
29	1721	1629	1788	1987	2089
30	1808	1648	1826	2090	2182

Tableau III.

Jours.	1er chien.	2e chien.	3e chien.	4e chien.	5e chien.	6e chien.	7e chien.
1	372	352	270	352	320	348	378
2	375	380	290	368	331	360	395
3	395	407	297	405	355	398	422
4	422	430	320	421	380	423	455
5	480	460	353	458	407	483	497
6	480	475	370	504	451	500	575
7	515	495	400	532	493	547	585
8	493	502	431	544	577	580	608
9	486	518	454	560	600	620	641
10	485	553	505	577	630	680	695
11	515	607	548	588	641	721	715
12	580	640	435	603	660	763	760
13	575	718	435	643	674	763	803
14	620	740	501	692	730	776	821
15	642	822	497	715	770	750	903
16	695	865	526	772	803	733	870
17	745	828	535	800	835	755	832
18	780	833	578	815	903	730	870
19	800	865	583	810	925	791	895
20	838	866	531	811	990	690	920
21	866	889	506	815	1050	635	935
22	865	945	459	827	1095	650	1032
23	922	995	425	864	1150	645	1068
24	975	1175	»	885	1100	700	1129
25	1170	1209	Mort.	961	1253	731	1265
26	1170	1260	»	1080	1337	760	1353
27	1230	1271	»	1201	1381	783	1450
28	1376	1299	»	1215	1409	810	1557
29	1400	1314	»	1297	1451	845	1630
30	1421	1329	»	1304	1599	870	1704

premier bull qui, de 195 grammes à la naissance, ne parvient au double de ce poids que le huitième jour ; pour celui-ci les pesées n'ont pu être continuées après le dixième jour. Quant au deuxième bull, les pesées ont été continuées jusqu'à l'âge de deux mois ; il pesait 250 grammes en naissant et 508 grammes le huitième jour ; c'est donc aussi du septième au huitième jour que son poids initial a été doublé. Ce poids, triplé le

Tableau IV.

JOURS.	LOULOU.	TERRIER.	GRIFFON.	PETIT ÉPAGNEUL (Métis).	LEVRETTE.	CANICHE.
1	240	190	185	201	364	255
2	255	203	201	206	299	287
3	280	236	224	235	334	301
4	315	251	247	263	378	316
5	344	285	274	291	420	319
6	368	314	303	324	432	379
7	400	329	325	352	453	421
8	421	342	351	383	479	469
9	459	357	368	427	502	508
10	470	398	397	439	531	553
11	495	Les pesées n'ont pas été continuées.	442	Les pesées n'ont pas été continuées.	562	600
12	519		435		589	654
13	535		420		670	698
14	570		458		638	740
15	665		458		674	789
16	650		460		705	839
17	655		465		742	882
18	660		465		778	923
19	671		480		802	974
20	691		485		829	1018
21	696		515		845	1050
22	695		550		867	1091
23	760		585		895	1177
24	781		620		921	1230
25	842		735		957	1294
26	918		777		982	1330
27	953		801		1008	1382
28	1015		836		1015	1436
29	1070		898		1035	1501
30	1120		927		1054	1532

quatorzième jour, quadruplé du dix-neuvième au vingtième, a, enfin, le soixantième jour atteint 2920 grammes, c'est-à-dire qu'il est devenu près de douze fois plus considérable que le poids primitif.

En second lieu, nous avons opéré sur des chiennes

auxquelles nous avions laissé de deux à sept élèves, suivant les races et, d'après les tableaux II et III, nous voyons que la croissance des petits est en raison inverse de leur nombre.

Tableau V.

	1	2	3	1	2	3	4	1	2	3
1	121	131	137	158	160	145	130	104	92	100
2	130	134	154	174	182	157	145	113	95	114
3	144	153	163	195	196	170	165	118	110	129
4	162	167	195	196	205	162	180	132	127	140
5	182	175	218	205	207	195	185	143	136	159
6	194	197	253	230	222	197	200	161	150	174
7	212	221	273	240	242	210	210	172	164	179
8	222	230	280	257	257	222	225	186	179	194
9	238	240	301	280	282	240	240	191	210	193
10	259	261	314	287	299	253	252	205	208	222
11	267	265	335	300	308	270	278	218	219	239
12	285	280	358	317	322	277	283	225	228	250
13	309	295	379	325	348	305	305	238	246	264
14	321	324	400	340	358	315	320	243	253	264
15	329	330	412	352	358	318	329	255	267	274
16	340	349	427	377	385	325	341	262	285	287
17	361	352	445	380	387	330	343	278	294	309
18	372	370	462	380	405	350	349	287	303	316
19	384	382	475	395	415	375	377	306	325	328
20	395	394	492	415	435	377	383	324	325	338
21	420	404	509	425	443	387	389	330	349	369
22	449	425	537	432	445	395	400	338	361	360
23	454	442	550	435	450	397	403	355	370	364
24	473	467	572	440	475	415	421	362	375	367
25	490	470	581	445	479	415	429	369	380	372
26	502	475	592	440	485	427	438	368	383	382
27	511	510	614	447	497	442	457	378	395	388
28	536	537	635	mort	505	453	471	388	410	395
29	544	545	670		517	466	491	408	419	417
30	550	551	675							

Le tableau II nous montre que les petits doublent du huitième au neuvième et dixième jour, tandis que, d'après le tableau III où il s'agit de sept petits que leur mère a élevés, ceux-ci ne doublent que du huitième au treizième jour.

Le tableau IV nous permet de suivre l'accroissement chez six jeunes chiens élevés au biberon et, malgré que l'augmentation soit légèrement inférieure à celle constatée chez les animaux nourris par la mère ou une nourrice, nous voyons pourtant nos jeunes élèves doubler de poids du neuvième au onzième jour ; seule la levrette a été un peu en retard, puisqu'elle n'obtient le double de son poids que du douzième au treizième jour.

De toutes les pesées que nous avons faites et que nous avons enregistrées ci-dessus, nous pouvons établir pour règle que, d'une façon générale, les jeunes chiens doublent leur poids du huitième au dixième jour, et que tous les procédés d'allaitement sont bons à la condition qu'ils soient bien employés.

Chez le chat, l'accroissement se fait dans des proportions à peu près identiques, et c'est aussi du huitième au dixième jour que les jeunes chatons doublent de poids, comme nous le constatons en jetant les yeux sur le tableau V.

Durée de l'allaitement. Sevrage. — Nous considérons que la période d'allaitement doit être la plus longue possible. On a la mauvaise habitude de sevrer les petits beaucoup trop tôt, sous prétexte que, le vingt-cinquième jour à peu près, ils commencent à laper le lait que l'on donne à la mère ; on en conclut qu'ils peuvent à ce moment s'élever seuls. C'est là une grave erreur. Aussi qu'arrive-t-il ? C'est que les petits ont souvent des indigestions, ils deviennent malingres et, finalement, ont beaucoup de difficultés à s'élever.

Dans le commerce, il est d'usage, quand on vend des jeunes animaux de prix, que l'acheteur en prenne livraison à six semaines ; donc, commercialement parlant, c'est six semaines que l'on considère comme durée normale de l'allaitement. A ce moment, les petits sont assez forts pour boire le lait ou les soupes au lait qu'on leur présente; mais, pour nous qui nous plaçons à un autre point de vue, nous préférons, lorsque faire se peut, qu'on ne sèvre les petits qu'à deux mois, âge auquel la mère les repousse et les force à s'éloigner d'elle. La dentition étant alors complète, il arrive qu'avec les dents et les coups de tête les petits offensent les mamelles et portent la mère à abandonner la jeune famille. De plus, à ce moment, les chiots cherchent à lui disputer les aliments qu'on lui donne et, en raison de l'instinct de la conservation, les liens de famille se rompent. Les petits cherchent d'eux-mêmes à se nourrir; de son côté, la mère semble les oublier, en attendant qu'elle reporte son affection et ses soins sur une portée nouvelle.

Ceci est donc le sevrage naturel. Mais, dans les circontances les plus fréquentes, on doit ôter les petits à la mère. Les choses se passent très simplement : on enlève les chiots et on les éloigne le plus possible, de façon que leurs traces échappent à leur mère. Celle-ci est inquiète au début, mais, peu à peu, l'ennui disparaît et l'on devra s'occuper de faire passer le lait.

Tarir le lait. — De tous les moyens usités pour tarir la sécrétion lactée, les astringents appliqués sur les mamelles donnent les meilleurs résultats, tels : la décoction d'écorces de chêne, les cataplasmes de vinaigre et de blanc d'Espagne, ou de terre glaise. Le mélange astringent, composé de suie de cheminée et de vinaigre auxquels on ajoute un peu de mélasse comme agglutinatif, réussit aussi très bien, il n'a qu'un inconvénient, c'est de souiller les mamelles et de rendre la toilette de la chienne très difficile. Ces différents procédés sont ceux que nous prescrivons couramment à nos clients ; mais si les animaux nous sont confiés, nous faisons sur les mamelles un bon badigeonnage au perchlorure de fer et appliquons un bandage de corps, pour empêcher la bête de se lécher. Dans un temps relativement court, nous obtenons un excellent résultat.

Indépendamment de ce traitement externe, nous purgeons la chienne trois fois dans une période de huit jours.

Le régime doit être aussi modifié : la femelle doit être soumise à une demi-diète, des diurétiques seront administrés dans les boissons et on augmentera en outre l'exercice.

L'iodure de potassium à l'intérieur, de même que les applications cocaïnées sur les mamelles, ont aussi été indiqués, mais entre nos mains ces médications sont restées inefficaces.

Je ne parlerai que pour mémoire des fameux colliers de liège que l'on applique si souvent autour du cou de la chienne et de la chatte et qui sont, bien entendu, aussi ridicules qu'inutiles.

HYGIÈNE

Hygiène. — Une chienne qui nourrit a besoin d'être l'objet de soins particuliers, tant au point de vue des soins généraux qu'au point de vue de l'alimentation.

La nourriture devra être plus abondante et mieux choisie qu'à l'état ordinaire ; on donnera deux pâtées par jour dans lesquelles on fera entrer avec la viande et le pain, des légumes, tels que pommes de terre carottes, choux, etc. Le riz remplacera avantageusement les légumes dans les cas de diarrhée très souvent observés chez les chiennes nourrices.

Le lait serait la meilleure boisson ; mais, malheureusement, il est beaucoup d'animaux de l'espèce canine qui le délaissent et préfèrent de l'eau. Aussi conseillons-nous de laisser eau et lait à la disposition de la nourrice.

Quand une chienne nourrit, il est urgent de ne pas la laisser constamment sur ses petits ; il faut l'obliger à prendre de l'exercice, afin que les fonctions se fassent régulièrement. Au début on la promènera en laisse, car si tout d'abord on la laissait en liberté, guidée par son sentiment maternel, elle reviendrait vite vers sa nichée.

Peu à peu, elle s'habitue à se séparer momentanément des nouveau-nés, on peut alors la laisser courir et gambader à son aise le plus longtemps possible.

On conseille aussi au début, pour obliger la lice à sortir, de mettre les petits dans un panier, et l'on est sûr qu'ainsi elle suivra sa progéniture.

Pendant l'allaitement, on s'assurera que le lait de la mère est toujours suffisamment abondant (on verra cela à l'augmentation de poids des petits), que les mamelles ne sont pas douloureuses, que des abcès ne sont pas en voie de formation.

Pendant cette période d'allaitement, il sera prudent de ne pas faire chasser la chienne.

Tous les matins, la nourrice devra être peignée et brossée, les ouvertures naturelles seront l'objet de soins de propreté particuliers, surtout dans les premiers temps qui suivent l'accouchement après lequel la vulve reste souillée de mucosités. On veillera attentivement à ce que la niche ne soit pas infestée par la vermine.

Il est indispensable de tenir les chiots dans un très grand état de propreté : la paille ou le foin de la litière devront être changés tous les jours et la niche désinfectée. Si nous avons à élever de petits chiens d'appartement, l'enveloppe du coussin devra être changée le plus fréquemment possible, tous les deux ou trois jours au moins.

Habitat. — Il nous reste maintenant, pour compléter ce qui se rapporte à l'hygiène, à nous occuper de l'*habitat*, c'est-à-dire de l'endroit où doivent être élevés les chiots. Deux cas différents se présentent, selon que nous avons à nous occuper d'une petite chienne d'appartement, ou bien d'une chienne de grande taille ou de taille moyenne.

Quand l'époque de la mise bas approche, il faut préparer le lit de la mère et des petits.

Pour une chienne d'appartement, une petite corbeille est ordinairement choisie, on la surmonte quelquefois même de petits rideaux à coulisses et on en garnit le fond d'un coussin de crin ou de varech. Comme je l'ai dit plus haut, la housse ou la taie du coussin devront être fréquemment changées ; c'est pourquoi il sera prudent d'en avoir toujours quelques-unes de rechange. Depuis quelques années, le commerce parisien s'ingénie à faire et à garnir d'une façon luxueuse et charmante les corbeilles à chiens ;

mais, à notre avis, les plus simples sont encore les meilleures et les plus hygiéniques.

Avons-nous affaire à une chienne de taille ordinaire, le meilleur lit sera une caisse que l'on placera dans un endroit ou dans un coin à l'abri des courants d'air. Les bords de la caisse seront assez élevés pour que les petits ne puissent tomber en dehors, et ils ne le seront pas trop, pour permettre à la chienne de rentrer dans son lit sans sauter, car elle pourrait par inadvertance, tomber sur un de ses petits et l'écraser. Le fond du lit sera garni de foin ou de paille.

Que dirons-nous des niches que l'on emploie journellement pour servir de logis aux chiens de garde?

Nous sommes d'avis qu'elles doivent être proscrites dans le cas de mise bas. Elles sont peu commodes à nettoyer et à désinfecter, on ne peut surveiller facilement la nichée, et de plus si la nourrice est méchante, il n'est pas commode de la faire sortir sans s'exposer au danger d'être mordu.

En suivant minutieusement les prescriptions hygiéniques que nous venons d'indiquer et qui concernent autant la mère que sa progéniture, on arrivera sûrement à mener à bien l'élevage de la portée.

Pour la *chatte*, il est difficile de préparer le lit destiné à recevoir ses petits : son caractère indépendant fait que généralement elle dépose ses petits dans n'importe quel endroit, et il n'est guère possible de l'obliger à en adopter un qui ait été fixé à l'avance.

Il me resterait bien encore à parler des maladies inhérentes à l'allaitement, telles l'éclampsie, la mammite et autres affections, mais elles trouveront leur place dans un cadre spécial.

Dans ces quelques pages, nous nous sommes efforcé d'exposer brièvement, mais complètement, les conditions nécessaires de l'élevage des chiens et des chats; nous avons, en outre, établi les règles qui doivent présider à leur développement et formulé des conseils dont notre expérience journalière nous a démontré la valeur.

Nous pensons avoir rendu service aux nombreux amis des chiens et des chats dont on peut dire qu'ils sont utiles parfois, agréables souvent, intéressants toujours.